L'HERBORISATION

DU

VAL-DES-CHOUX

(3 juin 1896)

PAR J. D'ARBAUMONT

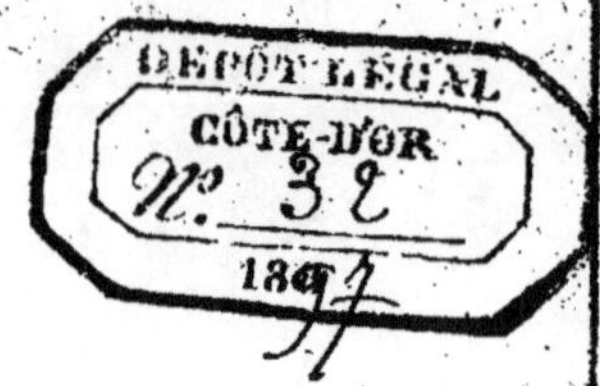

L'HERBORISATION

DU

VAL-DES-CHOUX

(3 juin 1896)

PAR J. D'ARBAUMONT

L'HERBORISATION

DU

VAL-DES-CHOUX

(3 juin 1896)

PAR J. D'ARBAUMONT

L'HERBORISATION

DU

VAL-DES-CHOUX

(3 juin 1896)

L'herborisation du 3 juin 1896 a laissé de bien charmants souvenirs dans l'esprit de tous ceux qui y ont pris part.

Rendez-vous avait été donné au village d'Essarois, où quelques-uns des excursionnistes se rendirent directement en prenant le train du matin à la gare de Dijon-Porte-Neuve.

Plusieurs autres étaient partis dès la veille, faisant un crochet par Châtillon, pour y recruter au passage quelques nouveaux confrères, après avoir assisté avec eux, dans la soirée du 2, à la réunion du Syndicat des pharmaciens de la Côte-d'Or.

A l'heure et au jour dits, toute la troupe était réunie. Personne ne manquait à l'appel.

Le village d'Essarois est situé à la limite orientale de cette région montagneuse et boisée qui, sous les noms de *Bois de Chamesson* et *du Nod*, de *Basse Forêt* et *Forêt domaniale de Châtillon*, est bornée au nord-est par l'Ource, à l'ouest par la Seine, au sud et à l'est par deux modestes affluents de ces cours d'eau, le Brevon et la Dijenne, au nord enfin et au nord-ouest par une suite de collines qui vont mourir aux portes mêmes de Châtillon.

Bien que ne dépassant pas, dans sa partie la plus élevée, à courte distance d'Essarois, 428 mètres d'altitude, pour s'abaisser, à l'extrémité opposée, dans les environs de Chamesson et de Buncey, aux cotes de 296 et de 285 mètres, ce vaste massif est coupé, en différents sens, d'étroites et profondes fissures qui en accusent vivement les reliefs, et réservent aux touristes aventurés dans ces parages de fort agréables surprises.

Étudié dans ses éléments géologiques, on reconnaît qu'il appartient tout entier aux formations inférieures du groupe de la grande oolithe, avec assises de calcaires plus anciens, terre à foulon, alluvions modernes ou dépôts tourbeux plus ou moins importants sur les bords des cours d'eau qui en dessinent en partie les contours.

C'est en nous portant au nord-ouest d'Essarois, du côté de Villiers-le-Duc et de Voulaines, pour nous rabattre à droite sur Leuglay, c'est-à-dire dans la partie la plus orientale de ce massif, l'une des plus accidentées aussi et certainement la plus riche en bonnes espèces, que nous devions herboriser.

Coquettement assis sur la rive gauche de la Dijenne, affluent de l'Ource, dont les eaux encaissées arrosent une partie de son territoire, Essarois comptait encore 432 habitants en 1869; il n'y en a plus aujourd'hui que 280, pour une superficie de 1,825 hectares.

Ses anciens noms d'*Esserroi*, *Essaretum* (terre défrichée) figurent pour la première fois dans des chartes des années 1175 et 1177 transcrites au cartulaire de la Chartreuse de Lugny (1). Toutefois on y trouve, ou du

(1) J. Garnier. *Nomenclature historique des communes, hameaux, etc., du département de la Côte-d'Or*, p. 141.

moins dans les environs, des vestiges d'une antiquité beaucoup plus reculée.

A deux kilomètres environ du village, dans la direction de l'ouest, on rencontre, dans une sorte de cirque creusé par la nature, les sources de la Cave, — mince affluent de la Dijenne, — dont l'une fortement incrustante, et toutes demeurées longtemps l'objet de la vénération des populations voisines qui venaient volontiers, aux temps de la domination romaine et très probablement même dès les siècles antérieurs, demander à leurs eaux salutaires la guérison des maladies dont elles étaient le plus ordinairement affectées.

Des fouilles commencées en cet endroit dès l'année 1835 par les soins de Mme de Chastenay, continuées dans les années suivantes, reprises en 1848-1849, y ont fait découvrir les fondations et quelques restes mutilés de plusieurs édifices où l'on a cru reconnaître le plan d'un temple et des annexes de diverses natures — thermes et *sacella* — dont il était entouré.

Les fouilles ont en outre mis au jour, gisant auprès de ces débris, un grand nombre d'objets curieux dont quelques-uns sont aujourd'hui déposés au Musée de la Commission des antiquités de la Côte-d'Or (1) : fétiches en bois d'une exécution extrêmement grossière et remontant, selon toute apparence, à l'époque gauloise, grandes statues mutilées, vases de dimensions variées, inscriptions votives ou autres, médailles gauloises et romaines, et surtout de nombreux ex-voto très analogues à ceux des sources de la Seine, et dont l'examen peut servir à donner une assez juste idée des affections diverses dont les eaux des sources étaient censées devoir procurer la guérison.

(1) Voy. *Catalogue du Musée*, nos 108 à 112 et 613.

Le temple des sources de la Cave paraît avoir été dédié à Apollon, père d'Esculape et dieu de la médecine : — *Apollinem morbos depellere habent opinionem*, disait César en parlant des Gaulois (1).

On a trouvé aussi, près des mêmes sources, un très curieux coffret en pierre dont les reliefs et les inscriptions cabalistiques paraissent se rapporter aux pratiques mystérieuses de l'ordre du Temple. Les Templiers possédaient, en effet, à Essarois, quelques fonds de terre dépendant de leur seigneurie de Voulaines qui devint, par la suite, un grand prieuré de l'ordre de Malte (2).

Quant à la seigneurie d'Essarois, elle appartenait, au dernier siècle, aux Chastenay, de très vieille noblesse, et qui ont possédé jusqu'à vingt seigneuries en Bourgogne, au dire de Courtépée (3). L'ancienne maison seigneuriale, vaste ensemble de constructions d'aspect sévère, mais d'assez noble allure, existe encore. C'est aujourd'hui la propriété de la famille Bordet.

Mais ce n'est pas seulement par ces souvenirs rétrospectifs que le village d'Essarois se recommande à l'attention du visiteur. Il présente des ressources non moins appréciables, quoique de tout autre nature, aux excursionnistes désireux, comme nous l'étions alors, de refaire leurs forces, dans la prévision d'une longue excursion dans les vallées environnantes. C'est ainsi que nous nous trouvâmes, au débotté, en face d'un excellent déjeuner abondamment servi et assaisonné, du commencement à la fin, par les épanchements d'une franche et cordiale confraternité. Félicitations et remerciements à

(1) *De bello gallico*, L. VI, chap. XVII.

(2) Sur les antiquités d'Essarois, voir un important travail de M. MIGNARD, inséré au tome III des *Mémoires de la Commission des Antiquités de la Côte-d'Or*, p. 111 et suiv.

(3) COURTEPÉE, *Description du duché de Bourgogne*, 2ᵉ édit., t. IV, p. 264.

M. Durey, le consciencieux et habile hôtelier d'Essarois.

Le repas terminé, on se met en route sous la direction de M. Magdelaine, qui nous avait précédés à Essarois, M. Magdelaine, l'infatigable explorateur de cette région, dont les richesses botaniques n'ont plus de secrets pour lui.

Le temps, jusque-là incertain, avec quelques averses intermittentes, s'est décidément mis au beau, et l'herborisation commence sous les plus heureux auspices.

Au départ nous longeons pendant quelque temps le parc du château, à la végétation puissante dans un étroit vallon, puis nous abordons, par des pentes assez douces, un plateau boisé où bientôt se présentent à nous — première émotion de la journée — émergeant avec peine de l'épais gramen du sous-bois, les rameaux diffus, effilés, à écorce grisâtre, le feuillage luisant, d'un vert clair, et les ombelles rosées ou purpurines du Camélée ou Thymélée des Alpes, le *Daphne Cneorum* de Linné. Ce charmant arbrisseau est très abondant dans toute la région.

Le parcours est, du reste, assez monotone jusqu'à l'extrémité du plateau, dont la descente rapide nous conduit en peu d'instants au fond de l'étroite et profonde vallée où nous allions rencontrer les restes mutilés de l'ancienne abbaye, ou, pour parler plus exactement, du grand prieuré du Val-des-Choux.

Courtépée a donné de cette solitude une description qui ne manque pas de vérité : « Un silence religieux, un saisissement de respect, sont l'hommage que l'on rend d'abord à l'auteur de la nature. » — Style du temps ! — « Le murmure des eaux, ajoute-t-il, l'affreuse solitude du lieu, l'aspect effrayant des montagnes, le sombre des hautes forêts, le précipice rapide où est situé le monastère, font naître ensuite je ne sais quelle forte émotion qui tient de l'étonnement » (1).

Eh ! sans doute, et je ne sais si jamais lieu fut mieux choisi par les esprits ardents ou désabusés de ces siècles de foi, pour ensevelir, loin du monde et dans le silence du désert, leurs pieuses austérités et leurs méditations solitaires !.... Et pourtant le tableau ne semble-t-il pas un peu poussé au noir, et notre impression a-t-elle été vraiment aussi lugubre lorsque, au débouché sur la vallée, se sont tout à coup développés à nos yeux les restes du monastère et les verdoyantes collines qui les entourent, le tout vivement éclairé par les chauds rayons d'un beau soleil de juin ?

Il est vrai que nous sortions de l'excellent déjeuner d'Essarois — absolument rien de monastique, — la boîte de botanique sur le dos !

La descente s'opère en contournant le vaste enclos du monastère que nous abordons du côté nord où se développe en façade un bâtiment allongé, bas, d'aspect sévère, percé d'un large porche à l'entrée duquel se trouvaient deux vasques, en forme de coquille, où les étrangers venaient se laver les mains avant de pénétrer dans l'intérieur. Le porche, accosté sur la gauche d'une petite chapelle sans caractère, donne accès dans une première cour très spacieuse, formant un carré long sur trois côtés duquel s'étendent les anciens bâtiments d'exploitation des moines : ateliers, granges, établis, écuries, remises, poulaillers, etc.

Une seconde cour succède immédiatement à la précédente, ornée de bosquets en son milieu ; à droite, bâti-

---

(1) Courtépée, t. IV, p. 236.

ments ruineux ; à gauche, dans un état de conservation au contraire très satisfaisant, le logis des hôtes dit aussi la *maison de Penthièvre*, en souvenir de Louis de Bourbon, duc de Penthièvre, petit-fils de Louis XIV, qui, propriétaire du marquisat voisin d'Arc-en-Barrois, aimait, dit-on, à venir tous les ans chercher, au Val-des-Choux, quelques instants de repos et d'absolue tranquillité.

A signaler encore une troisième cour, dite des offices, avec cuisine, boulangerie, huilerie, moulin à blé, etc., dans un état de complet délabrement. Quant à l'église et au cloître qui faisaient suite au logis des hôtes, il n'en reste plus que quelques débris informes.

Une vaste pièce d'eau, située un peu plus loin au midi et remplie de plantes aquatiques sans intérêt, est encore alimentée aujourd'hui par une source limpide très anciennement captée par les moines.

Enfin l'on ne quitte pas ces lieux si complètement détournés de leur affectation première, sans jeter un coup d'œil sur les hautes murailles qui limitent l'ancien enclos du monastère. Epousant exactement les multiples ondulations du terrain au fond de la vallée, et contrebutées à l'intérieur par de solides contreforts destinés à opposer une résistance suffisante aux pluies déversées par les collines environnantes, ces murailles enserrent un hexagone allongé dont les parties laissées libres par les bâtiments servaient principalement, d'après les traditions locales, à la culture intensive de ces choux et autres légumes de diverses sortes (*caules*) dont les moines faisaient dans le principe leur nourriture presque exclusive, et qui ont donné leur nom au monastère lui-même : le Val-des-Choux, *Vallis caulium*, et non le Val-des-Choues (chouettes), comme on l'entend appeler quelquefois et comme l'ont imprimé à tort Lorey et Duret, et Ch. Royer après eux, dans leurs Flores de la Côte-d'Or.

Fondé vers la fin du XIIe siècle par le duc de Bourgogne Eudes III, le Val-des-Choux, autrefois chef-d'ordre, s'était fait une règle empruntée en proportions diverses à celle de saint Benoît et aux constitutions particulières des Cisterciens et des Chartreux. Ce monastère, qui a eu jusqu'à 30 prieurés dans sa dépendance, avec maisons en Espagne, en Portugal et jusqu'en Ecosse, était complètement déchu de son ancienne splendeur lorsqu'il fut réuni à l'abbaye de Septfonts dans l'Allier en 1761 (1).

Et maintenant, tout à la botanique.

En quittant le Val-des-Choux nous suivons pendant quelque temps le côté droit de la vallée, longeant le ruisseau limpide qui s'y répand en gracieuses sinuosités sur un fond herbeux (argilo-calcaire) et qui, s'échappant des sources mêmes du monastère, en partie seulement captées par les moines, va, à quelques kilomètres de là, porter à l'Ource le tribut de ses eaux.

Mais bientôt la bande se divise. — Quelques-uns d'entre nous s'arrêtent à deviser sur les bords du chemin, sans trop se soucier d'une légère ondée qui vient, assez opportunément d'ailleurs, faire une courte trêve aux manifestations trop cuisantes d'un soleil d'aplomb. Les autres, enflammés d'un beau zèle, se décident à pousser, sur les pas de l'intrépide M. Magdelaine, une pointe hardie dans la direction de la Combe-Noire. C'était aller au succès, fût-ce aux dépens de quelque fatigue. La

(1) Sur le Val-des-Choux, voir Courtépée, t. IV, p. 235 et 236, et Mignard, *Histoire des principales fondations du bailliage de la Montagne, grand prieuré du Val-des-Choux*, dans *Mémoires de la Commission des Antiquités de la Côte-d'Or*, t. VI, p. 412 et suiv.

Combe-Noire est, en effet, le clou, si je puis dire ainsi, de l'herborisation du Val-des-Choux.

D'aspect non moins sévère, comme son nom l'indique, que les lieux mêmes où les moines avaient établi leur demeure, c'est une merveilleuse station que cette *combe* pour la croissance des espèces rares qui se plaisent à l'humide fraîcheur des fonds de vallées ou aux pentes ombragées des coteaux calcaires.

Nous allions d'ailleurs en juger bientôt nous-mêmes, au retour de la petite troupe que dirigeait M. Magdelaine.

Il est vrai que les plantes intéressantes ne devaient pas toutes répondre à l'appel. La saison n'était pas encore assez avancée pour la récolte en bonne condition de quelques-unes d'entre elles. C'est ainsi que nos confrères ne rapportent que de très jeunes pousses non fleuries du *Ligularia sibirica*, qui se localise de la plus stricte façon dans les parties basses de la Combe-Noire, et du *Swertia perennis*, que l'on rencontre aussi au lieu dit l'Étang du Roi.

Mais en revanche, voici quelques beaux échantillons du *Cineraria lanceolata*, du *Polygala austriaca*, et surtout du *Cypripedium Calceolus*, qui peut être considéré à bon droit comme le joyau le plus précieux de notre flore. On sait que cette splendide Orchidée, au labelle jaune, volumineux, si curieusement creusé en forme de sabot, a été signalée à Lorey par Mlle Victorine de Chastenay, à qui des villageois l'avaient apportée pour orner un reposoir.

Le *Cypripedium*, ainsi récolté sur le versant boisé de la Combe-Noire, n'y est pas d'ailleurs exclusivement localisé. On le trouve aussi plus ou moins abondant dans certaines stations privilégiées des localités avoisinantes.

Nos confrères n'ont rencontré à la Combe-Noire ni le *Cirsium bulbosum* qui y a été également signalé, ni le *Polystichum Thelipteris* qu'y récolta Lorey, ni le *Tetragonolobus siliquosus* que Ch. Royer marque d'un point d'exclamation comme l'ayant cueilli au Val-des-Choux, et qui se montre d'ailleurs assez abondant dans les marécages à tuf de tout le nord du département.

Nous avons encore à signaler, parmi les espèces rares ou intéressantes, récoltées, indépendamment de beaucoup d'autres plus communes, au cours de l'herborisation du 3 juin : *Samolus Valerandi*, dont un échantillon unique, mal venu par suite de la sécheresse du commencement de l'année; *Aconitum Napellus*, assez abondant dans les endroits humides de la région; *Pyrola rotundifolia*, aux grappes d'une rare élégance, qui recherche au contraire les sols rocailleux; *Adonis æstivalis*, rencontré, à la fin de l'herborisation, dans les champs cultivés qui avoisinent Leuglay; *Orchis palustris*: *Iberis Durandii*, qui se plaît aux éboulis calcaires le long de la route de Vanvey au Val-des-Choux, et enfin *Crepis præmorsa*, signalé par Lorey, entre Leuglay et Lugny, dans les bois de Val-Vargney, et dont M. Magdelaine avait pris soin de nous apporter quelques échantillons de fort belle venue, dans la crainte que nous n'eussions pas le temps de l'aller récolter sur place. J'ai cueilli moi-même cette rare espèce, herborisant, il y a quelques années, avec la Faculté, dans des taillis à sous-sol humide, à peu de distance d'Essarois.

Enfin, je ne crois pas manquer à mon devoir de fidèle chroniqueur de notre herborisation, en donnant ici l'indication de quelques plantes intéressantes que nous aurions pu également rencontrer, soit à une époque plus tardive, soit en élargissant un peu le cercle de notre exploration. Nous nous ferons ainsi une idée bien complète des richesses botaniques que recèle dans les replis ombreux ou aux abords de ses pittoresques vallées toute la partie orientale de la grande forêt de Châtillon.

Sur le chemin de Leuglay à Essarois : *Buphthalmum salicifolium;* au champ des Barres, près Vanvey : *Herminium Monorchis; Fumaria parviflora* entre Voulaines et Vanvey; à Saint-Phal et aux environs : *Orchis odoratissima, Carlina acaulis:* à l'Étang du Roi : *Gentiana Pneumonanthe:* sur les accotements des chemins élevés qui sillonnent le Val-des-Choux : *Gentiana ciliata, cruciata* et *germanica;* ailleurs encore : *Rubus saxatilis, Carduus defloratus:* enfin, sur le chemin d'Essarois au bois de la Genevrière, autrement dit bois de Sèche-Bouteille : *Dianthus superbus* et *Arbutus Uva-ursi*, cette dernière espèce, d'une localisation tellement restreinte que nous l'avons cherchée en vain, il y a quelques années, M. Viallanes et moi.

Au surplus, je me propose de donner, à la fin de ce compte-rendu, la liste méthodique des espèces intéressantes récoltées ou à récolter dans la région que nous avons parcourue, mais je ne veux pas attendre jusque-là pour remercier MM. le Dr Reibel et Louis Weber, des bons renseignements qu'ils m'ont donnés pour la mettre au point.

Après quelques instants d'un repos bien gagné par ceux de nos confrères qui revenaient au pas accéléré des lointains parages de la Combe-Noire, on se remet en marche. Mais bientôt, nouvelle séparation. Deux groupes se forment, dont l'un, les zélés, les infatigables, toujours guidés par M. Magdelaine, se dispose à rejoindre Leuglay, point terminus de l'herborisation, en dessinant sur la droite, à travers les fourrés, une large courbe qui permettra à ces privilégiés de compléter leurs récoltes et d'achever de remplir leurs boîtes.

Les autres — et j'en étais encore — coupent au plus court, et, traversant de biais le vaste plateau qui s'étend au nord-nord-est du Val-des-Choux, suivent en devisant et sans trop se presser la route sommière qui les conduit en ligne droite au débouché de la vallée de la Dijenne, presque en face et non loin du village de Leuglay.

A Leuglay, attendant l'heure du train qui doit nous ramener à Dijon, la plupart des excursionnistes font honneur à un repas improvisé dont une journée si bien remplie faisait sentir l'impérieux besoin.

Bientôt on se rend à la gare où les recrues de Châtillon doivent prendre congé de nous, et où nous attendait d'ailleurs une agréable surprise. Empêché par une circonstance imprévue de nous accompagner dans notre excursion, comme il y avait été invité par son chef, le garde forestier se trouvait là, chargé d'une ample gerbe de *Cypripedium*, récoltés par lui à notre intention, en respectant soigneusement les racines, et dont une équitable distribution vint aussitôt calmer les regrets de ceux d'entre nous qui n'avaient pas eu le plaisir d'en faire eux-mêmes la cueillette.

Tous nos remerciements à l'administration forestière.

On s'entasse dans le wagon : le train part et les propos joyeux de reprendre de plus belle. J'ai même souvenir de certains jeux de cartes qui, sous les mains habiles de quelques-uns de nos confrères, m'ont initié, tout en roulant sur la voie ferrée, aux savantes combinaisons de la *manille*.

Is-sur-Tille ! Vingt-cinq minutes d'arrêt ! — La bière

pétille dans les verres; on trinque à la ronde; on se félicite des résultats de la journée et déjà des projets se forment pour qu'elle ne reste pas sans lendemain !

Nouveau trajet. Une heure à peine nous sépare de Dijon, qui nous livre tout entiers à nos agréables réflexions, — nuit close, sous un ciel constellé d'étoiles.

A 10 heures 1/2, chacun était rentré chez soi.

Liste méthodique des espèces rares ou intéressantes qui peuvent être récoltées dans la région du Val-des-Choux. — *Les espèces cueillies le 3 juin 1896 sont marquées d'une astérisque.*

Adonis æstivalis L. *
Aconitum Napellus L. *
Dianthus superbus L.
Polygala austriaca Crantz. *
Pyrola rotundifolia L. *
Fumaria parviflora Lnk.
Iberis Durandii Lorey. *
Tetragonolobus siliquosus Roth.
Rubus saxatilis L.
Arbutus Uva-ursi L.
Samolus Valerandi L. *
Swertia perennis L. *
Gentiana ciliata L.
— cruciata L.
— germanica Willd.
Gentiana Pneumonanthe L.
Carlina acaulis L.
Cirsium bulbosum DC.
Carduus defloratus L.
Buphthalmum salicifolium L.
Cineraria lanceolata Lnk. *
Ligularia sibirica Cass. *
Crepis præmorsa Tausch. *
Daphne Cneorum L. *
Orchis palustris Jacq. *
— odoratissima L.
Herminium Monorchis R. Br.
Cypripedium Calceolus L. *
Polystichum Thelipteris Roth.

Extrait du *Bulletin de la Société Syndicale des Pharmaciens de la Côte-d'Or*, n° 15, 1896.

Dijon, imp. Jacquot et Floret.

www.ingramcontent.com/pod-product-compliance
Lightning Source LLC
LaVergne TN
LVHW052040160826
845678LV00003B/1452

9782329633015